中国儿童核心素养培养计划

课后半小时
小学生阶段阅读
文化基础 × 自主发展 × 社会参与

物理现象

发现身边的它们

003

课后半小时编辑组 编著

北京理工大学出版社
BEIJING INSTITUTE OF TECHNOLOGY PRESS

核心素养之旅
Journey of Core Literacy

中国学生发展核心素养，指的是学生应具备的、能够适应终身发展和社会发展的必备品格和关键能力。简单来说，它是可以武装你的铠甲、是可以助力你成长的利器。有了它，再多的坎坷你都可以跨过，然后一路登上最高的山巅。怎么样，你准备好开启你的核心素养之旅了吗？

文化基础

科学基础
- 第 1 天 万能数学 〈数学思维〉
- 第 2 天 地理世界 〈观察能力 地理基础〉
- 第 ❸ 天 物理现象 ● 观察能力 物理基础
- 第 4 天 神奇生物 〈观察能力 生物基础〉
- 第 5 天 奇妙化学 〈理解能力 想象能力 化学基础〉

科学精神
- 第 6 天 寻找科学 〈观察能力 探究能力〉
- 第 7 天 科学思维 〈逻辑推理〉
- 第 8 天 科学实践 〈探究能力 逻辑推理〉
- 第 9 天 科学成果 〈探究能力 批判思维〉
- 第 10 天 科学态度 〈批判思维〉

人文底蕴
- 第 11 天 美丽中国 〈传承能力〉
- 第 12 天 中国历史 〈人文情怀 传承能力〉
- 第 13 天 中国文化 〈传承能力〉
- 第 14 天 连接世界 〈人文情怀 国际视野〉
- 第 15 天 多彩世界 〈国际视野〉

自主发展

学会学习
- 第 16 天 探秘大脑 〈反思能力〉
- 第 17 天 高效学习 〈自主能力 规划能力〉
- 第 18 天 学会观察 〈观察能力 反思能力〉
- 第 19 天 学会应用 〈自主能力〉
- 第 20 天 机器学习 〈信息意识〉

健康生活
- 第 21 天 认识自己 〈抗挫折能力 自信感〉
- 第 22 天 社会交往 〈社交能力 情商力〉

社会参与

责任担当
- 第 23 天 国防科技 〈民族自信〉
- 第 24 天 中国力量 〈民族自信〉
- 第 25 天 保护地球 〈责任感 反思能力 国际视野〉

实践创新
- 第 26 天 生命密码 〈创新实践〉
- 第 27 天 生物技术 〈创新实践〉
- 第 28 天 世纪能源 〈创新实践〉
- 第 29 天 空天梦想 〈创新实践〉
- 第 30 天 工程思维 〈创新实践〉

总结复习
- 第 31 天 概念之书

中国儿童核心素养培养计划
课后半小时 小学生阶段阅读
文化基础 × 自主发展 × 社会参与

003

卷首
4 判天地之美，析万物之理

FINDING 发现生活
6 小小秤砣压千斤
7 不用生火的小火锅

EXPLORATION 上下求索
8 听见世界
10 恐怖的"鬼声"
15 你知道怎么样才能产生回声吗？
16 听不见的声音
18 光影魔术师
19 抓不住的镜花水月
19 虚幻的神仙岛
20 神奇的千里眼
24 力拔山兮气盖世
26 我们大家都是"力"
28 造一辆自己能跑的小车
30 大雾来了
35 水库是城市的大空调
37 我们的生活离不开热
38 噼里啪啦——生活中的电
40 可以吃的发电机
41 发电厂的主力军

COLUMN 青出于蓝
42 中国物理学起步真的晚吗？

THINKING 行成于思
44 头脑风暴
46 名词索引

卷首

判天地之美，析万物之理

物理学与数学是自然科学的两大支柱，在众多学科之中有着特殊而重要的地位。当今世界，我们的现代文明几乎没有哪个领域不依赖物理学，它也是我们认识世界的基础。从宏观现象到微观世界，从经典物理到宇宙前沿，从波动粒子到神秘黑洞，无论是要追逐恒星的辉光，还是要穿越远古的遗迹，这些都离不开神奇的物理学。

物理学的历史，可以追溯到很久很久以前。古代物理学的萌芽，往往和人们的生活与生产有着密切的关联，可以说，那个时候的物理学是为了服务于人的生活。而到了现在，物理学早就已经成为一门精密的科学，声学、力学、热学等一些经典物理学已经构建了比较完整的理论体系，物理帮助我们认识到了世界上的许多规律，将一个更加"完整""准确"的地球呈现在人类的面前。

而我们的生活中，也充斥着各种各样的物理现象，有的时候你可以一眼就发现它们，而有的时候，它们已经彻彻底底地融入了所有人的生活中，需要你仔仔细细地去寻找。当你找到它们的时候，你就可以发现，原来严肃的科学原理一直都藏在你身边的有趣话题里。你看，沸腾的水里藏着物态变化；菜刀薄薄的刀刃里藏着压力和压强；而山谷中传来的回声中藏着声音的反射。所以，不管你有没有学过物理,你总是见过许多物理现象的。这些物理现象中涵盖了物理学中的基本知识,你可以在课本中找到它们,但是我们希望能够揭开这些知识的神秘面纱,把它们填充到最有趣、最日常的画面里,把这个充满奇趣的物理世界展现在你的面前。

此外,物理学也是科技发展的基础,没有物理知识的沉淀,我们根本看不到这么多的科技成果。国家对物理学的看重已经不必多说,信息、能源、航天、材料、计算机等,每一个领域和行业都离不开物理学。学好物理学,未来的你就可以在这些领域中施展自己的抱负。无论是想要开发可以在天上飞的汽车,还是想要研究神秘的虫洞,未来总是属于你的,你可以利用物理学做你想要做的事。

愿所有的你们,都能够在这本书中发现物理的乐趣。

周立伟
中国工程院院士,电子光学和光电子成像专家

小小秤砣压千斤

撰文：一喵师太

你见过超市里用来称重的电子秤吗？我们把东西放上去，就能够称出东西的重量。重量就是物理学中的一个概念。

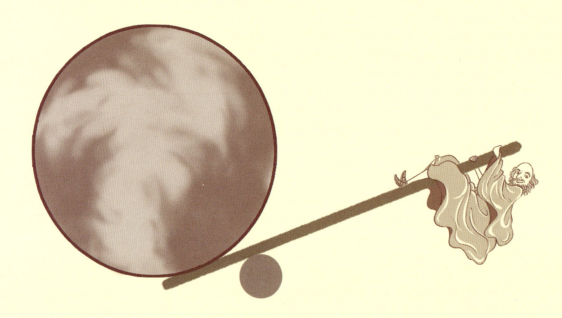

主编有话说

杠杆是一种简单机械，物理学中，在力的作用下能绕着固定点转动的硬棒就是杠杆，这个固定点就是杠杆的支点。木杆秤是一种杠杆，你玩的跷跷板也是一种杠杆，在实验室里经常会用到的天平也是一种杠杆。杠杆真是"无处不在"，一直在方便着我们的生活。

在古代，人们的生活中还没有这么便利的电子秤，你知道那时的人们都用什么称重吗？

没错！他们用的就是用木头制作成的木杆秤。木杆秤有上千年的历史，最开始它还不叫木杆秤，叫作"权衡"，"权"就是秤砣，"衡"就是秤杆。所以木杆秤其实就是由秤杆和秤砣组成的，对了，不要忘了还要有能够挂住物品的秤钩。在称重的时候，只要把东西挂在秤钩上，然后缓慢挪动另一边的秤砣，直到两边保持住了平衡，我们就能够从秤砣所在的秤杆上的刻度判断出东西的重量了。听起来是不是很简单？其实，这个就运用了杠杆原理，木杆秤就是一种杠杆。

杠杆的"威力"可是巨大无比的，阿基米德曾说："给我一个支点，我可以撬起地球。"而杠杆原理也被物理学中的力学"收入囊中"。

不用生火的小火锅

撰文：一喵师太

你见过那种不需要生火就能吃到饭的小火锅吗?尽管不需要生火,但是它需要热量……

不用生火的小火锅,看上去是一个双层的塑料盒,里面可是藏着好东西。打开之后,你会发现,上层是满满当当的火锅底料和食材,下层放着一个鼓鼓囊囊的白色纸袋。我们只需要把白色纸袋的包装拆开,然后倒一些水进去,就可以等着吃火锅了。你会发现,水倒进去之后,白色纸袋会发出噼噼啪啪的响声,然后就会有热腾腾的蒸汽冒出来,慢慢地煮熟塑料盒上层的食材。

那个白色的纸袋就叫作"食品专用发热包",里面装着一种叫作"生石灰"的白色粉末。一旦把这种粉末泡进水中,瞬间就能发生奇特的化学反应,释放出很多热量,把化学能转换成热能,从而把食物煮熟。据说,生石灰散发出的热量可以让蒸汽达到150℃以上,煮熟一条鱼对它来说完全不在话下。而且,发热包的表面不是纸,是一种耐高温的无纺布,这样才能保证生石灰散发出的高温不会引发火灾。同样,使用的双层塑料盒也是用耐高温材料特制的。

这样,耐高温容器加上生石灰发热包,就变成了一个随时随地都可以享用火锅的"神器"啦。

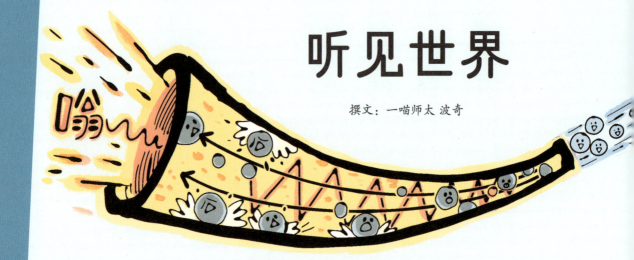

听见世界

撰文：一喵师太 波奇

声大侠

"明月别枝惊鹊，清风半夜鸣蝉。稻花香里说丰年，听取蛙声一片。"

这是辛弃疾的《西江月·夜行黄沙道中》的几句词，短短二十五个字，就把一幅大自然的画卷展开在我们的眼前。而其中的鸣蝉和蛙声，就是我们所"听见"的世界。我们听见的，就是声音，声音是一种物理现象。

你知道声音是怎么发出来的吗？其实，只有振动的物体才能发出声音。风吹过营帐，有帆布振动的声音，人敲动战鼓，是鼓面振动的声音，而蝉能发出声音，也是依靠了它腹肌部的发声器，其就像是一个蒙着鼓面的大鼓，鼓面振动时，蝉就可以发出声音。可以说，振动是物体发声必不可少的条件。

你是不是在好奇，一些没有琴弦的乐器，像是笛子、箫等，它们是靠哪里振动的呢？其实，在我们看不见的地方，乐器里面也藏着一些"小家伙"呢。当我们向乐器的吹口中吹气的时候，里面藏着的空气会相互撞击，这样产生的振动让这些乐器发出了声音。

主编有话说

振动

发声物体在振动的时候，会产生看不见的波纹，也就是声波，声音就是以声波的形式传播的。

主编有话说

蝉能发出声音

所有蝉都可以发出声音吗？其实，只有雄蝉才可以发出声音，它们可是蝉里面有名的演奏家啊。

振动的快慢，也会影响声音呢，振动越快，音调就越高；振动越慢，音调就越低。你可以想象一下，男高音的音调就要比男低音的音调要高。不过音调和声音的大小也没关系，你看蚊子的声音很小，但是它的音调高；牛的声音大，但是它的音调低。那声音的大小又是什么呢？在物理学中，声音的大小叫作响度。振动的幅度越大，声音的响度就会越大；幅度越小，声音的响度就越小。就像是在海面上，越高的浪花发出的声音越大，越平稳的浪花发出的声音越小一样。

> **主编有话说**
>
> 在物理学中，我们用"频率"来描述物体振动的快慢，频率的单位是"赫兹"（Hz）。

声音还有第三个特质，你看，不同乐器的声音也都不一样，这其实就是音色。材质、结构不同的物体，发出的声音也不同。

> **延伸知识**
>
> **声音哪儿都可以去吗？**
>
> 其实，声音的传播是需要条件的，那个条件就是介质，气体、固体、液体都是可以传播声音的"介质"。如果没有传播介质，就听不到声音了。比如，在没有空气的太空中，到处都是静悄悄的。

恐怖的"鬼声"

撰文：一喵师太
美术：Studio Yufo

有个小和尚在寺庙里听到了"鬼声"，声大侠可不相信，快和他一起去"破案"吧！

主编有话说

中国古代有很多和物理有关的故事,这篇《恐怖的"鬼声"》就改编自《国史异纂》中"曹绍夔捉怪"一节。即使是在科技不发达的古代,人们也已经开始用物理知识来解释生活中发生的各种现象了,因此,中国古代物理学科的发展,和文学、艺术一样,拥有悠久的历史背景。

你知道怎么样才能产生回声吗?

撰文:一喵师太

想要产生回声,需要两个条件:第一是反射面要足够大,第二是声音和反射面之间的距离要合适。

那么什么是反射面呢?阻挡住你的声音的障碍物,并且把你的声音反射回来的,就是反射面。我们对着山崖喊话可以听到回声,这个时候,山崖就是反射面。如果反射面太小,回声就没有足够的能量"飞"回到我们的耳边。不信,你拿起一张纸,冲它喊话,看看能不能听到回声。

同时呢,如果发出声音的物体距离反射面太远,回声在半路上就把能量消耗完了,那我们自然也听不到回声;如果我们距离反射面太近,回声就会和原来的声音重叠在一起,难以分辨。

▶ **延伸知识**

被"偷走"的声音

你知道吗,声音除了会被物体反射外,还能被物体吸收。声音在传播过程中,如果遇到坚硬、光滑的物体,就更容易被反射;如果遇到柔软、褶皱的物体,就更容易被吸收。这就是为什么电影院里,人们用凹凸不平的材料来涂装墙壁,这样就能够防止电影声音太大而损害人的听力了。

太远了,我没有那么大力气……

听不见的声音

撰文：十九郎

这个世界上的声音千奇百怪，组合成很多奇妙的乐曲，可是，还有一些人类听不见的声音藏在角落里。

还记得我们之前讲过的"赫兹"吗？人的耳朵只能听到 20~20000 赫兹的声音。低于 20 赫兹的声音就是次声波，虽然人类听不到这种声音，但是有些动物是可以听到的。

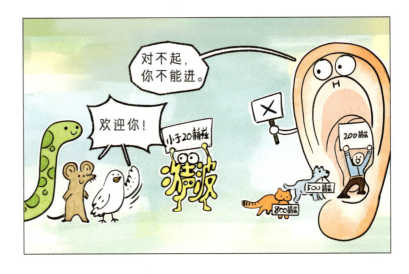

地震的时候，土地和岩石相互碰撞，会发出频率低、能量大的次声波。"听"到了次声波的动物们，就会开始准备逃跑。所以，如果动物们突然同时迁徙，就可能是大地震的前兆！

秘密日记

次声波也有"黑历史"

能量强大的次声波，可以导致人体的内脏破裂、出血；能量微小的次声波，比如发动机传出来的次声波，容易让人们晕船、晕车。但是生活中处处都有次声波，大风、雷雨、汽车甚至扩音喇叭，都能产生次声波，所以我们不能消灭它。后来，人类把次声波利用在了很多领域，例如监测气象活动、地壳活动等，这样次声波终于为我们创造了价值。

频率高于 20000 赫兹的"声音"是超声波，人们同样也听不到它。不过，虽然人类听不到，但它仍然是大自然中常见的声波，蝙蝠就是超声波最著名的"代言人"。蝙蝠常年生活在阴暗的洞穴中，因此它们的视力很差，所以，蝙蝠才进化出了特殊的"导航"技巧——超声波回声定位。

蝙蝠会用口鼻发出超声波，用耳朵接收反射波，然后就可以在大脑中构建一幅立体的环境图像，轻松躲避障碍物。

> **秘密日记**
>
> 有人说，雷达的发明就借鉴了蝙蝠利用超声波定位的特性。可是，偷偷告诉你，雷达使用的是电磁波，是由电磁粒子构成的，它和属于机械波的超声波可没有关系。

人们利用超声波发明了声呐，不管多深的海底峡谷，都能被超声波探测到。人们还用超声波诊断疾病，在医院做的B超也是一种超声波。你看，超声波可是一种很"实用"的声音啊。

光影魔术师

撰文：一喵师太
美术：Studio Yufo

在物理世界里，光是一个魔术师，光的速度很快很快，一秒钟就能绕地球7圈；而且它还总是沿直线传播，在遇到障碍物的时候，光就会被挡住，然后就会出现我们见到的影子。而光源，就是这一切神奇现象的起点。

光源是什么？

光从哪里来，哪里就叫作"光源"。

光大侠

我是阳光，我住在太阳上，太阳是光源；

月球本身不发光，所以月球不是光源。

我是萤火虫，我也会发光，所以我也是光源；

我住在蜡烛里，蜡烛是光源；

我住在火把中，火把是光源。

台灯和电脑屏幕也是光源哦！

台灯　电脑

存在于大自然的光，叫作<u>自然光源</u>。人类制造的光，叫作<u>人工光源</u>。

月亮因为反射阳光才会发光，所以光线微弱，也不稳定，不能用来演影戏。

咦，今晚没有影子吗？

可是，人工光源就不一样了，需要的时候，我们就可以点灯、点火，想要多亮就能多亮。

多放点柴，还能再亮一点！

抓不住的镜花水月

撰文：波奇

每个晴朗无云的夜晚，月亮就好像拥有了分身术，天上挂着一轮，河里也藏着一轮。你觉得，我们可以从水里面捞出月亮吗？其实，河里的月亮不是真的月亮，那是水面反射了月光。当光线照射到物体上时，物体就像是变成了一个"小门神"，拦住光线，不让它们进去。打输了的光线就会被赶跑，这就叫作光的反射。

当水面平静、没有波浪的时候，整个水面就是一个巨大的镜子，水中的月亮就是反射到眼中的影像。

月光照射在平静的水面上，反射出的光线进入了我们的眼睛里。但是，人们的眼睛更习惯看到正前方的物体，所以才会觉得月亮是"藏"在水里的。

虚幻的神仙岛

撰文：Spacium

你听说过"海市蜃楼"吗？它可不是什么神仙岛，而是物体折射在天空中的虚像，就算我们能看见，也摸不着。这也是光这个魔术师在"搞鬼"。

在同一种介质中，光确实是沿着直线传播的。当光从一种介质射入另一种介质时，光的传播方向就会发生改变。这样，光就在传播过程中发生了弯折，这就是光的折射。海市蜃楼就和光的折射有关系。

由于水的特殊性，海水附近的空气湿度偏低，空气密度更大，而远离水面的地方空气温度偏高，空气密度较小。这种疏密不均导致建筑物发出的光线在空气中发生了偏折，"拐弯"进入了人的眼睛。但是由于人眼更习惯从笔直的方向看到物体，所以才会错以为建筑物飘在天上。

神奇的千里眼

明朝崇祯年间,科学家徐光启第一次尝试使用望远镜观察日食。望远镜就是"千里眼",你知道吗,这千里眼,可是和物理学中的光有着很大的关系……

力拔山兮气盖世

撰文：一喵师太 Spacium

无论是扛麻袋还是捏泥人，都是力在背后帮忙。在物理学中，我们把力解释为"物体对物体的作用"。

在生活中，不管做什么事情，都需要用到力。

力有大有小，做不同的事情，需要用到的力也不一样大，只有力足够大，才能举起很重的物体。如果你想要移动一个很重的物体，除了要力气大外，还要注意用力的方向。

如果想要让你的力产生效果，就必须找到正确的"作用点"，力作用的位置就叫"作用点"。作用点的位置不同，也会影响力的效果。

敲黑板

用力的物体叫作"施力方"，被移动、变形的物体叫作"受力方"。

如果只抓住鼎的一只足，作用点在一只足上，就会觉得很重。

如果作用点在中央，就会觉得轻松很多啦。

人往后蹬踏板，踏板就把人往前推。

生活中，随处可见作用力和反作用力的身影。

用鸡蛋磕桌子，桌子会把鸡蛋磕碎。

当你一拳打到沙包上时，你就对沙包施加了一个力。可是，打完以后，你会觉得自己的手也有痛感，这是因为沙包也对你施加了同样大小的力。力的作用是相互的。两个人同时做金鸡独立的动作，就相当于一对大小相等、方向相反、作用在同一条直线上的力。这就是作用力和反作用力。

作用力和反作用力总是同时产生、同时消失，并且作用在不同的两个物体上。

火箭向下喷射燃气，自己却被推了起来。

如果燃气突然消失，那么火箭马上就会掉下来。

作用力和反作用力的规律是由英国科学家牛顿总结出来的，这就是大名鼎鼎的牛顿第三定律。

牛顿

牛顿第三定律：相互作用的两个物体之间的作用力和反作用力总是大小相等、方向相反，作用在同一条直线上。

我们大家都是"力"

撰文：波奇　　美术：Studio Yufo

由于地球的吸引而使物体受到的力称为"重力"。

力——弹力

弹力是物体在形变后产生的能够让其恢复原状的力。

力——压力

在物理学中，当两个物体发生了接触并开始互相挤压时产生的力，就是压力。比如，你站在地面上，就对地面施加了压力。

力——浮力

当物体浮在水中且保持静止不动的时候,浮力的大小就等于物体重力的大小。

浮力,一般指的是物体在液体中受到的竖直向上的力。任何一个物体落入水中,都会受到浮力的作用。

谁掉下来我都托着!

力——摩擦力

摩擦力藏在我们生活中的各个地方。冰面上很光滑,摩擦力很小,所以不管你怎么用力,都没法在冰面上站稳;凹凸不平的马路上,摩擦力就会变大,你推着小车就会觉得很费力。

造一辆自己能跑的小车

撰文：一喵师太　　美术：Studio Yufo

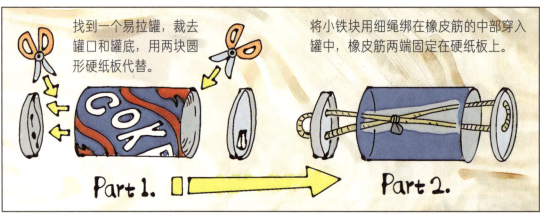

大雾来了

撰文：一喵师太 波奇
美术：Studio Yufo

悄然而来的大雾遮挡了我们的视线，就像是想要挡住里面藏着怪兽一样。大雾里面真的有怪兽吗？哈哈，其实，大雾的形成可离不开物理学中的"热"……

主编有话说

对于物态变化现象来说,水的三态(固态、液态、气态)变化最为普遍。古人的文献中有很多描写。例如,《庄子》中提到,"雨"就是"积水上腾",水汽上升凝结成了雨;《尔雅》中也提到,"地气发,天不应,曰雾";到了汉代,《论衡·说日篇》中则进一步提到雨、雪、雾都和温度有关。古人对于物态变化的认识,大部分围绕着农业,如"白露""霜降"等节气,都和水的物态变化有关。

水库是城市的大空调

撰文：Spacium

你有没有发现，城市中的温度总是比郊区的温度高，这种现象叫作"热岛效应"。

由于工厂废气和汽车尾气的排放量大，城市上空被浓浓的烟雾笼罩着，热量很难散发出去，所以一到夏天，生活在城市里的人总会觉得更加闷热。而且，在城市中，无论是马路还是高楼，都是用混凝土等材料建造而成的，它们的比热容低，所以升温非常快。

热岛效应会让人们呼吸困难、心情抑郁，所以很多城市都在城市边缘修建了水库，既能调节城市温度，也能调节人们的心情。因为水的比热容高，在受到同样的阳光照射时，水的温度上升得慢，所以，即便是炎热的夏天，水面上吹过来的风也是凉爽的。

主编有话说

比热容

比热容就是物体吸收热量的能力。比如，在质量相等的情况下，如果想把水从0℃提高到1℃，需要吸收4份热量；如果想把沙子从0℃提高到1℃，只需要吸收1份热量。水需要的热量多，所以水的比热容高；沙子需要的热量少，所以沙子的比热容低。

不同的温度　城市　郊区

噼里啪啦——生活中的电

撰文：洛普

热电厂可以产生电力，电视、电脑、电冰箱都离不开电。在物理学中，电学也是很重要的一部分。

你知道电是什么吗？电其实是一种自然现象，雷电就是自然界中最常见到的一种电。一部分中国古人把雷电视为上天惩罚人类的手段，并认为"被雷劈"的人一定是穷凶极恶的坏人，中国古代神话也把雷电现象当成"雷公""电母"两位神仙的法力。这些都是民间对于雷电现象的认识不够科学、不够充分的结果。

除了雷电外，你一定也经常见过另外一种电，尤其是秋冬比较干燥的时候。你猜到是什么了吗？没错，那就是静电。静电是一种常见的物理现象，每个人身上都会产生静电，在你梳头发的时候、穿衣服的时候、叠被子的时候，你都可以发现静电。

当然啦，让电灯泡亮起来的是电，让屏幕亮起来的也是电，没了电，就没有我们现在便利的生活。电并不是凭空出现在我们的家里的，它们"乘坐"着电线，到达每个人的家中。电线是用金属制成的"导体"，里面有大量的可以移动的电子。在电压的推动下，它们会迅速排成整齐的队伍向前进发，这支队伍就是电流。电流就像水一样，总是从电压高的地方流向电压低的地方。在每个城市里，都有一座"高压电塔"，不过高压电塔的电压太高了，容易损伤电器，所以必须经过变压

> **主编有话说**
>
> **静电**
>
> 世界上所有的东西都是由分子和原子构成的，原子内部包含质子、中子和电子三种微粒。其中，质子和电子身上分别带着"正电荷"和"负电荷"。当两个物体发生摩擦时，电子会被更强大的质子吸引，纷纷投奔过去。这个时候，正电荷和负电荷之间会释放出光和能量，有时还会发出"啪"的响声。这就是静电的来源。

器调节，才能输送给家庭使用。

电被送到了我们每个人的家中，但是我们必须要注意用电安全，这样才能保护好自己。在家庭电路中，触电和火灾是非常容易发生的用电事故。要记得不要用湿抹布擦拭电器，因为水中存在大量自由移动的微粒，是很好的导体，用湿抹布擦拭电器，会导致人体直接触碰高压电流，威胁生命。而且，每个插座的"负重能力"都是有限的，如果在同一个插座上同时使用很多电器，就会导致许多电流同时出现在插座中，插座不堪重负，就会被电流烧坏。

在户外，也要注意远离一切高压带电体，这样才能保证安全。

▶延伸知识

雷电

云层中聚集着冰晶、霰粒等小颗粒，这些小颗粒在云层中相互摩擦，产生了大量的正、负电荷。当云层中的正、负电荷发生放电现象时，就是我们常见的雷电。雷电会释放出巨大的冲击波，还会发出巨大的雷声，所以非常危险。

▼危险藏在哪里？

答案见第40页

可以吃的发电机

撰文：一喵师太

你们相不相信，世界上有可以吃的发电机？跟我一起来看一看吧！

步骤 1

准备三根导线，导线分别连接上镀锌螺丝钉、镀铜螺丝钉和金属夹。

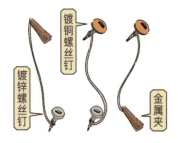

步骤 2

用导线和螺丝钉把橙子连起来。和镀锌螺丝钉连接在一起的一端接在发光二极管短脚，和镀铜螺丝钉连接在一起的一端接在发光二极管长脚。发光二极管就是我们常用的 LED 灯泡，这种灯既明亮又省电，是我们生活中的好帮手。

39 页答案

危险就藏在电灯和插座中，一定要记住不要用湿抹布擦电器、不要让插座过载哦。

看，发光二极管发出了微弱的亮光，这就意味着导线中有电流在流动。

电子运动的方向和电流相反。

水果中的果酸是一种可以导电的物质，可以把金属中的电子分离出来。

锌比较活泼，分离出的电子比较多，所以电压高；铜不易反应，分离出的电子比较少，所以电压低。

电子从镀锌螺丝钉的一端流经镀铜螺丝钉的一端，再流向二极管，这样，二极管中就会源源不断地有电子通过。

发电厂的主力军

撰文：十九郎

虽然水果也能发电，但是水果却不能成为发电厂的"主力军"。发电厂可以发电，依靠的是和电难舍难分的"磁"。19世纪，英国物理学家法拉第发现，当一个完整的闭合电路切割磁铁产生的磁场时，就会有微弱的电流产生。发现了这个现象以后，法拉第发明了人类史上的第一台发电机，人类由此进入了电气时代。

主编有话说

磁

提到磁，大家最熟悉的应该是磁铁。磁铁是一种特殊的石头，拥有两个磁极，分别是S极和N极，也就是南极和北极。磁铁的同性两极相斥，异性两极相吸。地球就是一个巨大的磁铁，地磁南极位于地球北极附近，地磁北极位于地球南极附近。地磁的南北极形成了一个巨大的磁场，让指南针指向南方和北方。
电流也会产生磁场，电磁场会影响指南针的方向。而且电场和磁场还会互相激发，形成不断向四边八方延伸的波纹，这就是电磁波。消毒用的紫外线是一种电磁波，医院里用的X射线也是一种电磁波，电磁波真是大大方便了我们的生活啊。

▶延伸知识

闭合电路

如果将导线、用电器等物体连成一个完整的圆圈，就形成了一个闭合电路。

青出于蓝 COLUMN

在我们的印象里，西方世界对物理学的研究和认识更成体系，而且西方世界也有众多改变人类发展进程的厉害发明，所以很多人会认为中国物理学研究起步晚且较为落后。那么中国物理学起步真的比较晚吗？周院士对此有什么看法呢？

周立伟
中国工程院院士，电子光学和光电子成像专家

中国物理学起步真的晚吗？

答 我国的声学研究史，大部分都和音乐、乐器相关。先秦时期《考工记》中的"薄厚之所震动，清浊之所由出"，就说明了钟是通过振动发声的。到了唐代，人们就已经准确总结出了声音的来源，《乐书要录》中就曾指出"形动气彻，声由所出也"，正式得出了"物体运动或振动，引发了空气的振动，就是声音的来源"这一声学原理。

早在春秋战国时期，我国劳动人民就已经对光沿直线传播这一原理有了清晰的认识。相传在汉朝时，汉武帝思念过世的李夫人，一个名叫少翁的人让宫女穿上李夫人的衣服，在点着蜡烛的帐帷后面模仿李夫人的动作。汉武帝透过帐帷看去，宫女的影子好像真的是李夫人重影一样，这样把光源、屏幕和影子组合在一起的"影戏"，就是我国非物质文化遗产——皮影戏的前身。

除了声学和光学，中国古人对于力学也有自己的研究和记载。大家都知道，一个苹果掉在了牛顿的头上，让牛顿发现了万有引力。可是你知道吗？早在战国时期，《墨子》中就提到"重之谓下，与重，奋也"，他发现万物都受到一个向下的力的作用，只有向上用力，才能对抗向下的力量。《天工开物》中还记载了测量弓的弹力的方法：用杆秤勾着弓的正中间，然后用秤砣把弓弦拉满，就能知道拉开这张弓需要用多大的力气了。

所以你看，这些物理现象并不是只在实验室里，不是在遥远的西方世界，而是在中国，是在你熟悉的成语故事里，是在你每天背诵的古诗古文里，是在你听过的琵琶曲里，是在你看过的皮影戏里，是在我们误以为对物理学的认知和研究都很落后的中国古代。中国的物理学有着很悠久的历史，它在古籍中多有记载，并且多以工具的形式造福中华民族数千年，服务着人们的生活和劳动。

THINKING 头脑风暴

行成于思 04

撰文：波奇

选一选

01 你觉得，是蚊子的音调高还是牛的音调高？（ ）
A. 蚊子
B. 牛
C. 一样高

四年级 科学

02 为什么电影院里的墙壁都用那种凹凸不平的材料来涂装呢？（ ）
A. 可以吸收声音，避免观众的听力被损伤
B. 可以反射声音，避免观众的听力被损伤

四年级 科学

03 大地震前很多小动物都会做出反应，这是因为什么呢？（ ）
A. 因为它们可以听到次声波
B. 因为它们可以听到超声波

五年级 科学

04 月球反射了太阳光，所以我们可以在晚上看见天上的"发光"的月亮，那月球是光源吗？（ ）
A. 是
B. 不是

五年级 科学

05 凸透镜四周薄、中间厚，在合适的距离下，它可以把放大的物体（ ）。
A. 缩小
B. 放大

六年级 科学

06 烧水时，水到最后烧开了会沸腾起来，这是一种什么样的物态变化？（　）

　　A. 液化

　　B. 蒸发

　　C. 汽化

三年级 科学

07 下面哪个不符合安全用电的要求呢？（　）

　　A. 用干抹布擦拭电器

　　B. 合理使用插座，拒绝过载

　　C. 在高压线下放风筝

四年级 科学

08 用鸡蛋磕桌子，桌子会把鸡蛋磕碎，这是为什么呢？

09 次声波有伤害人类的"黑历史"，但是人类并没有"放弃"它。你觉得这样做对不对呢？

填一填

名词索引

杠杆	6	凸透镜	22	蒸发	34
振动	8	凹透镜	23	沸腾	34
音调	9	力	24	热岛效应	35
响度	9	作用点	24	比热容	35
音色	9	牛顿第三定律	25	电	38
赫兹	9	重力	26	静电	38
共振	12	弹力	26	电压	38
声音反射现象	14	压力	26	电流	38
回声	15	浮力	27	雷电	39
反射面	15	摩擦力	27	用电安全	39
次声波	16	弹性势能	29	磁铁	41
超声波	17	气态	31	电磁场	41
光源	18	液态	31	电磁波	41
人工光源	18	固态	31	闭合电路	41
自然光源	18	物态变化	32		
光的反射	19	汽化	33		
光的折射	19	液化	33		

头脑风暴答案

1.A 2.A 3.A 4.B 5.A 6.C 7.C

8. 参考答案：因为力的作用是相互的，鸡蛋给了桌子一个力，桌子反过来会把这个力还给鸡蛋，可是鸡蛋不如桌子那么坚硬，所以它就被磕碎了。

9. 参考答案：我觉得，科学家做出来的这些努力，是正确的，也是能帮助人类的。尽管有些次声波会对人类造成危害，但是我们的生活中处处都有次声波。既然我们不可能把它消灭掉，我们就应该换一个思路，尽最大的努力去研究它，找出它能够创造价值的领域。

致谢

《课后半小时 中国儿童核心素养培养计划》是一套由北京理工大学出版社童书中心课后半小时编辑组编著,全面对标中国学生发展核心素养要求的系列科普丛书,这套丛书的出版离不开内容创作者的支持,感谢米莱知识宇宙的授权。

本册《物理现象 发现身边的它们》内容汇编自以下出版作品:

[1]《物理江湖》,北京理工大学出版社,2022年出版。

[2]《进阶的巨人》,电子工业出版社,2019年出版。

版权专有　侵权必究

图书在版编目（CIP）数据

物理现象：发现身边的它们 / 课后半小时编辑组编
著. -- 北京：北京理工大学出版社，2023.8（2025.3 重印）
ISBN 978-7-5763-1923-1

Ⅰ.①物… Ⅱ.①课… Ⅲ.①物理学—少儿读物
Ⅳ.①O4-49

中国版本图书馆CIP数据核字(2022)第242203号

出版发行 / 北京理工大学出版社有限责任公司	
社　　　址 / 北京市丰台区四合庄路6号	
邮　　　编 / 100070	
电　　　话 / （010）82563891（童书出版中心）	
网　　　址 / http：//www.bitpress.com.cn	
经　　　销 / 全国各地新华书店	
印　　　刷 / 雅迪云印（天津）科技有限公司	
开　　　本 / 787毫米×1092毫米　1 / 16	
印　　　张 / 3	
字　　　数 / 80千字	责任编辑 / 王玲玲
版　　　次 / 2023年8月第1版　2025年3月第3次印刷	文案编辑 / 王玲玲
审　图　号 / GS京（2023）1317号	责任校对 / 刘亚男
定　　　价 / 30.00元	责任印制 / 王美丽

图书出现印装质量问题，请拨打售后服务热线，本社负责调换